输变电工程环境保护和水土保持现场管理与施工手册

国家电网有限公司科技部
国家电网有限公司交流建设分公司 编

中国电力出版社
CHINA ELECTRIC POWER PRESS

图书在版编目（CIP）数据

输变电工程环境保护和水土保持现场管理与施工手册 / 国家电网有限公司科技部，国家电网有限公司交流建设分公司编．—北京：中国电力出版社，2019.5（2021.11重印）

ISBN 978-7-5198-1526-4

Ⅰ．①输… Ⅱ．①国…②国… Ⅲ．①输电—电力工程—环境保护—中国—手册②变电所—电力工程—环境保护—中国—手册③输电—电力工程—水土保持—中国—手册④变电所—电力工程—水土保持—中国—手册 Ⅳ．① X322. 2-62 ② S157-62

中国版本图书馆 CIP 数据核字（2017）第 309295 号

出版发行：中国电力出版社
地　　址：北京市东城区北京站西街 19 号
邮政编码：100005
网　　址：http://www.cepp.sgcc.com.cn
责任编辑：吴　冰（010-63412356）
责任校对：黄　蓓　朱丽芳
装帧设计：张俊霞
责任印制：石　雷

印　　刷：北京博海升彩色印刷有限公司
版　　次：2019 年 7 月第一版
印　　次：2021 年11月北京第二次印刷
开　　本：880 毫米 ×1230 毫米　64 开本
印　　张：2.625
字　　数：73 千字
印　　数：2001—2500 册
定　　价：36.00 元

《输变电工程环境保护和水土保持现场管理与施工手册》编写委员会

主　　编　吕运强

副 主 编　刘　博　周　宏　宋继明

委　　员　李　睿　卢　林　汪美顺　魏金祥　吴　凯　洪　倩　胡　笳

编写组组长　宋继明

编写人员　李　睿　魏金祥　卢　林　吴　凯　王　艳　杨怀伟　王天宇　刘搏晗　汪美顺　洪　倩　胡　笳　周振洲　王鹏亮　唐　宁　唐　蕾　李继洪　鱼　哲　何　斌　吴智洋　朱冀涛　侯　镭　罗兆楠　李媛媛　周之浩

前言

良好生态环境是增进民生福祉的优先领域。党的十八大以来，以习近平同志为核心的党中央把生态文明建设作为统筹推进“五位一体”总体布局和协调推进“四个全面”战略布局的重要内容，谋划开展了一系列根本性、长远性、开创性工作，推动生态文明建设和生态环境保护从实践到认识发生了历史性、转折性、全局性变化。国家电网有限公司作为关系国家能源安全和国民经济命脉的国有重点骨干企业，要认真贯彻习近平新时代中国特色社会主义思想，在优化能源资源配置、促进能源生产消费清洁转型的同时，努力推进以“资源节约、环境友好”为特征的绿色发展，实现与生态环境保护和谐共赢，主动服务党和国家生态文明建设大局。

为深入做好电网建设过程中的环境保护和水土保持工作，进一步推动电网绿色发展，依据国家有关法律法规、技术标准和公司相关制度规范，在系统梳理输变电工程环境保护和水土保持现场工作经验的基础上，我们组织编制了《输变电工程环境保护和水土保持现场管理与施工手册》，从输变电工程施工现场管理入手，采用图文并茂的形式介绍了输变电工程建设全过程环境保护和水土保持工作的职责分工、管理流程、主要措施及施工要求。本书可为从事输变电工程建设的业主、监理、施工等单位人员以及相关环境保护、水土保持专业人员提供参考。

考虑到输变电工程所在地生态环境主管部门和水行政主管部门管理要求存在差异，建设管理与施工单位在遇到具体问题时还应因地制宜，与各级行政主管部门做好沟通。

由于编者水平所限，书中内容难免存在不足和疏漏之处，敬请广大读者批评指正。

编者

2019年5月

目 录
CONTENTS

前言

管理篇

1 工作依据

1.1 环境保护法律法规、部委规章、技术标准

（1）《中华人民共和国环境保护法》；

（2）《中华人民共和国环境影响评价法》；

（3）《中华人民共和国环境噪声污染防治法》；

（4）《中华人民共和国水污染防治法》；

（5）《中华人民共和国固体废物污染环境防治法》；

（6）《建设项目环境保护管理条例》；

（7）《建设项目环境影响评价分类管理名录》；

（8）《建设项目竣工环境保护验收暂行办法》（国环规环评〔2017〕4号）；

（9）《输变电建设项目重大变动清单（试行）》（环办辐射〔2016〕84号）；

（10）《声环境质量标准》（GB 3096）；

（11）《地表水环境质量标准》（GB 3838）；

（12）《电磁环境控制限值》（GB 8702）；

（13）《污水综合排放标准》（GB 8978）；

（14）《建筑施工场界环境噪声排放标准》（GB 12523）；

（15）《建设项目环境影响评价技术导则　输变电工程》（HJ 24）；

（16）《建设项目环境保护验收技术规范　输变电工程》（HJ 705）。

1.2 水土保持法律法规、部委规章、技术标准

（1）《中华人民共和国水土保持法》；

（2）《中华人民共和国水法》；

（3）《中华人民共和国水土保持法实施条例》；

（4）《水利部关于加强水土保持监测工作的通知》（水保〔2017〕36号）；

（5）《水利部关于加强事中事后监管规范生产建设项目水土保持设施自

主验收的通知》（水保〔2017〕365号）；

（6）《水利部办公厅关于印发〈生产建设项目水土保持设施自主验收规程（试行）〉的通知》（办水保〔2018〕133号）；

（7）《水利部办公厅关于印发〈水利部生产建设项目水土保持方案变更管理规定（试行）〉的通知》（办水保〔2016〕65号）；

（8）《水利部办公厅关于印发〈生产建设项目水土保持监测规程（试行）〉的通知》（办水保〔2015〕139号）；

（9）《生产建设项目水土保持技术标准》（GB 50433）；

（10）《生产建设项目水土流失防治标准》（GB 50434）；

（11）《水土保持工程质量评定规程》（SL 336）；

（12）《水土保持工程施工监理规范》（SL 523）；

（13）《输变电项目水土保持技术规范》（SL 640）。

1.3 公司环境保护、水土保持管理制度

（1）《国家电网有限公司环境保护管理办法》；

（2）《国家电网公司环境保护监督规定》；

（3）《国家电网公司环境保护技术监督规定》；

（4）《国家电网公司电网建设项目环境监理工作指导意见》；

（5）《国家电网有限公司电网建设项目水土保持管理办法》；

（6）《国家电网有限公司电网建设项目竣工环境保护验收管理办法》；

（7）《国家电网有限公司电网建设项目水土保持设施验收管理办法》；

（8）《重点输变电工程施工图设计阶段环保技术监督工作方案》；

（9）《重点输变电工程环境保护和水土保持专项检查工作大纲》；

（10）《重点输变电工程竣工环境保护验收工作大纲（试行）》；

（11）《重点输变电工程水土保持设施验收工作大纲（试行）》；

（12）《输变电工程环境监理规范》（Q / GDW 11444）。

1.4 其他

（1）工程所在地地方法律法规及标准规范；

（2）工程环境影响评价文件及其批复文件；

（3）工程水土保持方案及其批复文件；

（4）工程设计文件（环境保护、水土保持专项设计、篇章）；

（5）工程建设管理纲要；

（6）工程建设管理总体策划、环境保护和水土保持策划。

2 职责分工

2.1 建设管理单位职责

（1）负责管辖范围内电网建设项目环境保护、水土保持“三同时”制度的具体执行。

（2）按照相关规定，开展环境保护和水土保持技术服务（环境监理、竣工环境保护验收调查、水土保持监理、水土保持监测、水土保持设施验收报告编制等）招标工作，签订和执行合同。

（3）依据环境影响评价文件及其批复文件、水土保持方案及其批复文件，编制工程环境保护和水土保持管理策划文件。

（4）组织参建单位开展环境保护和水土保持培训、宣贯和交底工作。

（5）组织审查监理和施工单位编制的环境监理、水土保持监理规划细则和环境保护、水土保持施工方案。

（6）负责管辖范围内电网建设项目竣工环境保护验收和水土保持设施验收年度计划的编报和执行。

（7）负责管辖范围内电网建设项目竣工环境保护验收和水土保持设施验收的具体实施工作，组织编制竣工环境保护验收调查报告、环境监理总结报告、水土保持设施验收报告、水土保持监测总结报告和水土保持监理总结报告，提交竣工环境保护验收和水土保持设施验收申请，配合做好验收资料技术审评、现场检查、验收会等工作，并组织整改发现的问题。

（8）配合各级生态环境主管部门和水行政主管部门组织的监督检查，并组织整改发现的问题。

（9）负责管辖范围内电网建设项目环境保护、水土保持信息公开和验收材料报备，做好相关信息、资料的整理、填报和归档工作。

2.2 设计单位职责

（1）参加建设管理单位组织的环境影响评价文件、水土保持方案及其批复文件的交底。

（2）根据相关法律、法规和环境影响评价文件、水土保持方案及其批复文件要求完成初步设计环境保护、水土保持专篇以及环境保护、水土保持施工图专项设计工作。

（3）开展设计人员内部培训，参加参建单位的设计交底工作。

（4）配合现场检查，履行环境保护、水土保持设计变更手续，编制变更说明。

（5）参加环境保护、水土保持设施验收工作。

2.3 施工监理单位职责

（1）根据环境影响评价文件、水土保持方案及其批复文件和环境保护、水土保持管理策划文件以及国家电网有限公司相关要求，做好施工监理与环境监理、水土保持监理的衔接工作。施工监理单位承担环境监理、水土保持监理工作时，应按照2.5、2.6中的相关要求执行。

（2）审查施工单位编制的环境保护、水土保持施工方案并监督落实。

（3）参加建设管理单位组织的环境保护、水土保持培训，开展本单位内部的专项培训。

（4）落实环境保护、水土保持措施的投资控制、工期控制、质量控制、安全控制，记录和统计相关技术数据。

（5）参加环境保护、水土保持现场检查，编制专项报告。检查施工单位的整改情况。

（6）参加竣工环境保护、水土保持设施验收工作。

2.4 施工单位职责

（1）根据施工图环境保护、水土保持专项设计和工程环境保护和水土保持管理策划以及国家电网有限公司相关要求，编制环境保护、水土保持施工方案。

（2）参加建管单位组织的环境保护、水土保持培训，开展本单位内部培训（含分包单位）。

（3）在施工过程中落实各项环境保护、水土保持措施，记录和统计措施相关技术数据并报监理单位。

（4）参加环境保护、水土保持现场检查，完成整改工作，提交整改报告。

（5）编制环境保护、水土保持施工总结。

（6）参与竣工环境保护、水土保持设施验收工作。

（7）协助完成各级生态环境主管部门和水行政主管部门监督检查和沟通协调工作。

（8）开展环境保护、水土保持宣传工作。

2.5　环境监理单位职责

（1）成立建设项目环境监理机构，落实监理人员及设施设备配备等。

（2）编制环境监理规划、环境监理实施细则、环境监理报告及其他环境监理相关文件等。

（3）核实输变电工程设计、施工、试运行文件与环境影响评价文件及批复文件相符性。

（4）开展环境保护宣传和培训，为施工单位落实施工期各项环境保护措施提供技术指导。

（5）对输变电工程施工过程中各项环境保护措施的落实情况进行监督控制。

（6）参加环保措施及设施落实情况现场检查，提出整改意见和建议，检查整改情况。

（7）协助建设单位开展建设项目“三同时”管理和竣工环境保护验收等相关工作。

（8）配合建设单位建立环境保护沟通、协调和会商机制。

（9）编制《环境监理总结报告》，参与竣工环境保护验收，配合开展验收资料公开等相关工作。

2.6 水土保持监理单位职责

（1）成立建设项目水土保持监理机构，落实监理人员及设施设备配备等。

（2）编制水土保持监理规划、水土保持监理实施细则、水土保持监理报告及其他水土保持监理相关文件等。

（3）核实输变电工程设计文件、水土保持专项设计与水土保持方案报告书（表）及批复文件相符性，核实工程实际建设实施的水土保持措施与设计文件、水土保持方案报告书（表）及批复文件的相符性。

（4）开展项目水土保持培训，为施工单位落实施工期各项水土保持措施提供技术指导。

（5）监督、指导施工单位编报各项施工水土保持管理文件及专项方案，并监督落实。

（6）对工程施工过程中各项水土保持措施及设施进行质量、进度及投资控制。

（7）参加水土保持措施及设施落实情况现场检查，实施水土保持工程质量评定，提出整改意见和建议，检查整改情况。

（8）协助建设单位配合做好各级水行政主管部门的监督检查和沟通协调、备案等工作。

（9）编制《水土保持监理总结报告》，参与水土保持设施验收，配合开展验收资料公开、报备等相关工作。

2.7 水土保持监测单位职责

（1）根据水土保持监测相关标准和批复的水土保持方案，开展工程水土保持监测工作。

（2）编制水土保持监测计划、季报和年报等相关文件，在规定时间内向工程所在地水行政主管部门报送，配合做好信息公开。

（3）参与审查水土保持监理细则和水土保持施工方案。

（4）参加现场检查，提出整改建议。

（5）配合水土保持设施验收报告编制单位开展相关工作。

（6）协助建设管理单位配合做好各级水行政主管部门的监督检查和沟通协调工作。

（7）编制水土保持监测总结报告，参加水土保持设施验收。

2.8 环境保护验收调查单位职责

（1）根据环境影响评价文件（含变动环境影响评价文件）及其批复文件以及相关技术规范，开展工程环境保护验收调查工作。

（2）委托有资质的环境监测单位开展环境监测工作。

（3）对验收调查中发现的问题提出整改意见，核实整改情况。

（4）编制竣工环境保护验收调查报告，参加竣工环境保护验收会。

（5）协调生态环境主管部门，接受其组织监督检查。

2.9 水土保持设施验收报告编制单位职责

（1）在建设管理单位的组织下开展工程水土保持设施验收评估工作。

（2）根据水土保持方案及其批复文件要求，开展水土保持方案变更复核和水土保持设施验收评估，提出整改意见和建议，评估整改质量。

（3）编制符合行业管理要求的水土保持设施验收报告。

（4）参加水土保持设施验收会。

（5）协调水行政主管部门，接受其组织的监督检查。

环境保护篇

3 环境保护措施

3.1 基本原则

为了有效控制输变电工程对生态环境的影响，防止环境污染，建设“资源节约型、环境友好型”输变电工程，充分发挥工程的社会效益和环境效益，输变电工程需要配套建设的环境保护设施必须与主体工程同时设计、同时施工、同时投产使用。

3.2 环境保护措施

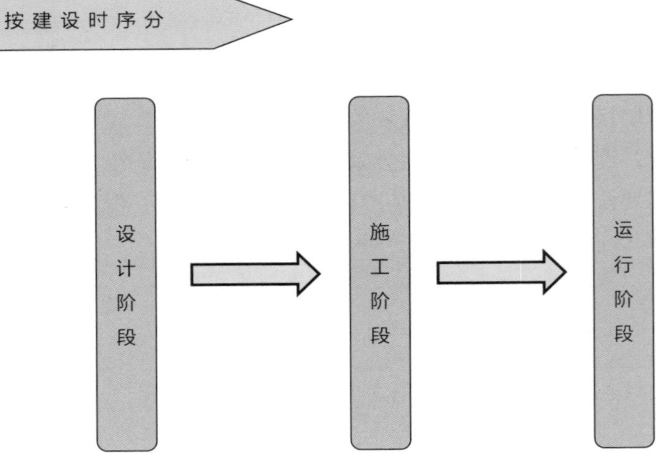

按 环 境 影 响 因 子 分

生 态

电 磁

噪 声

废 污 水

固体(液体)废弃物

3.3 环境保护措施类型

3.3.1 变电站（换流站）设计阶段

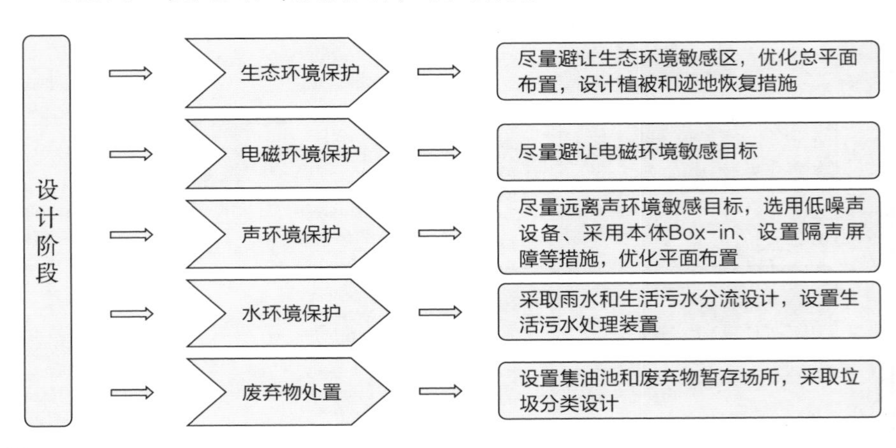

3.3.2 输电线路设计阶段

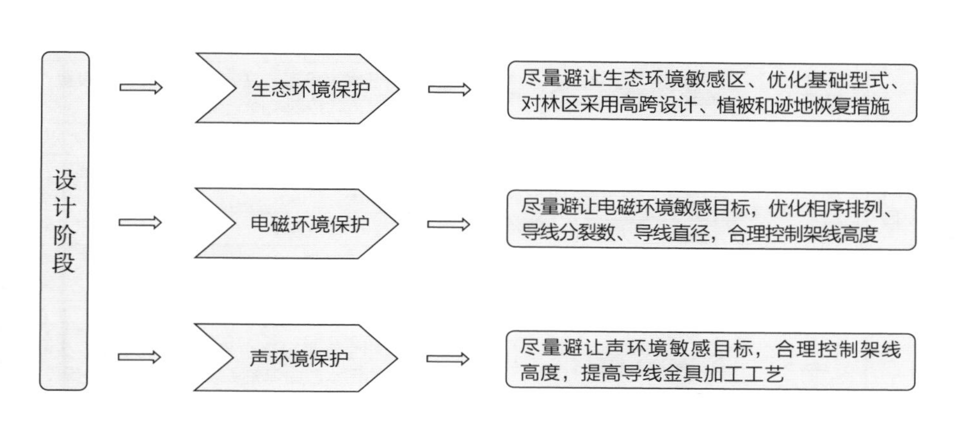

3.3.3 变电站（换流站）施工阶段

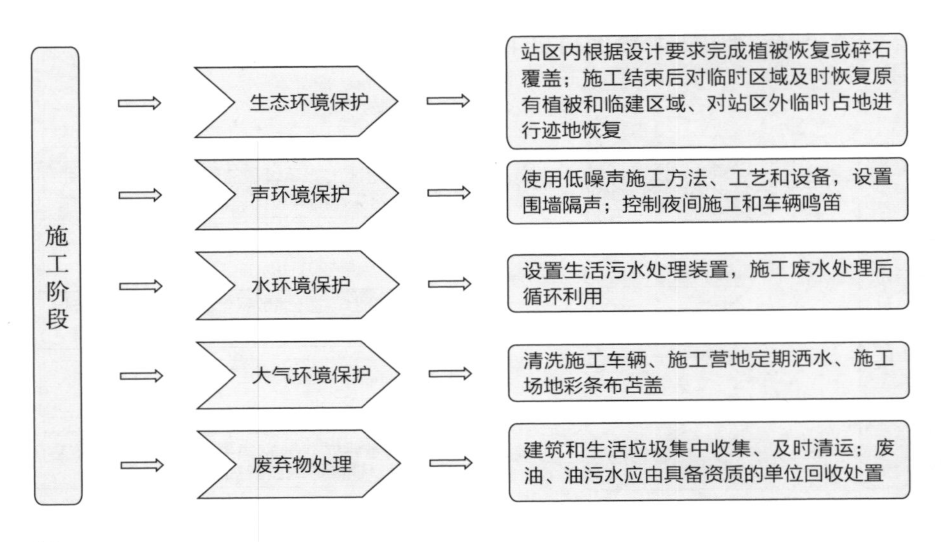

3.3.4　输电线路施工阶段

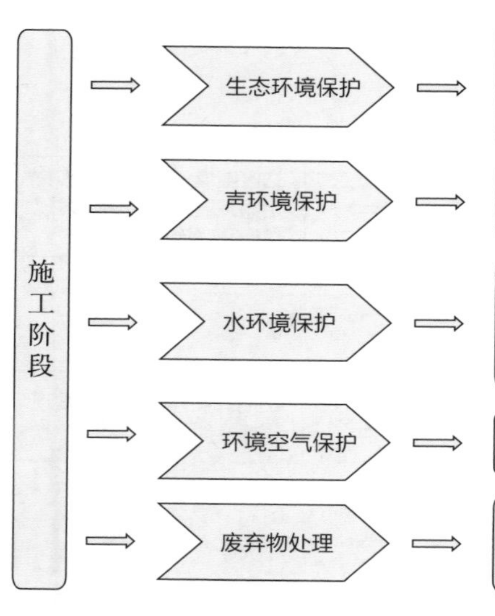

采用索道运输，导线展放不落地施工等措施，尽量减少临时占地、大规模开挖、林木砍伐，做好迹地恢复措施；合理选择施工场地、保护野生动植物；加强生态监管

使用低噪声施工方法、工艺和设备，设置围墙隔声；控制夜间施工和车辆鸣笛

设置生活污水处置设施；施工废水沉淀后重复利用不外排；尽量避开雨季施工；临时堆土点、砂石料等应远离水体并做好苫盖；做好迹地恢复措施，控制水土流失

施工车辆清洗、施工营地定期洒水、施工场地彩条布苫盖

施工弃土和生活垃圾分别集中堆放，余土在施工完成后及时在塔基区平摊并采取植被恢复措施，生活垃圾及时清运

3.3.5 变电站（换流站）运行阶段

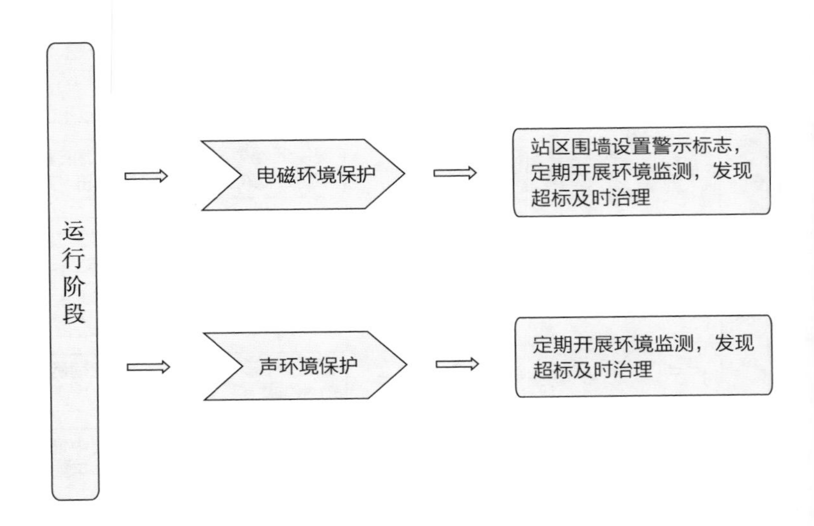

3.3.6 输电线路运行阶段

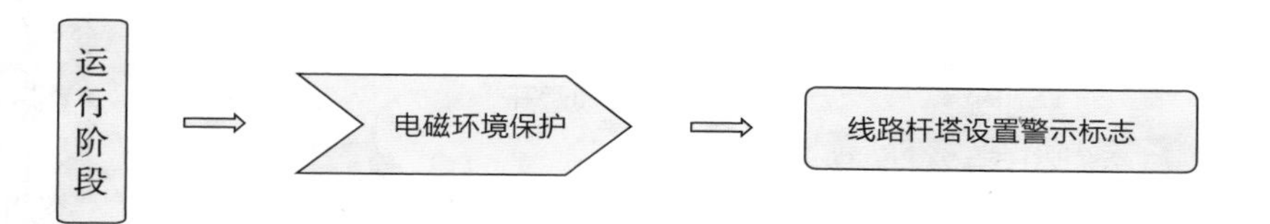

自然保护区核心区、缓冲区

风景名胜区核心景区

饮用水水源保护区一级保护区

生态保护红线一级管控区（一类红线区等）

世界文化和自然遗产地保护范围

海洋特别保护区重点保护区

- 自然保护区实验区
- 风景名胜区内除核心景区外的区域

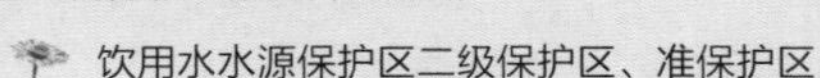

- 饮用水水源保护区二级保护区、准保护区
- 世界文化和自然遗产地外围保护地带
- 海洋特别保护区适度利用区、生态与资源恢复区、预留区
- 生态保护红线二级管控区（二类红线区等）

可以穿越上述生态敏感区但需取得主管部门同意的文件

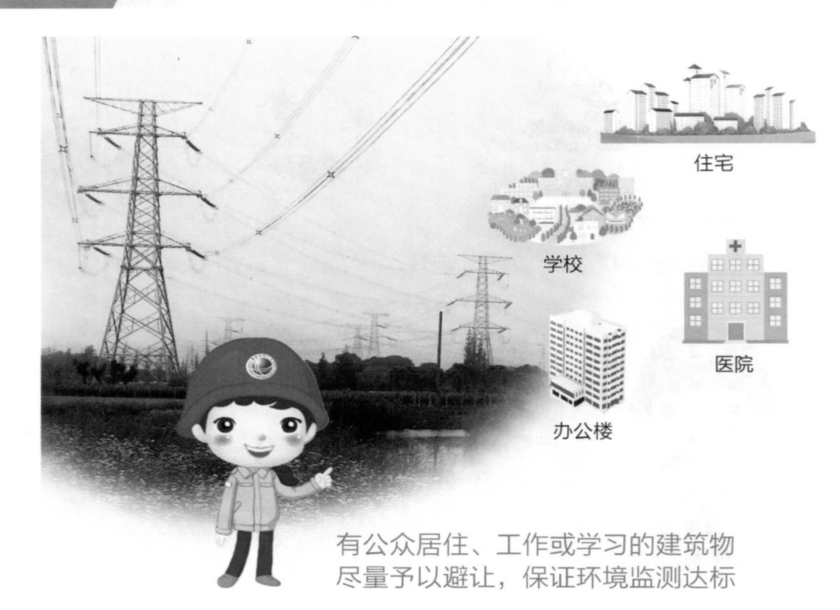

有公众居住、工作或学习的建筑物尽量予以避让，保证环境监测达标

3.4 设计阶段的环境保护措施

3.4.1 生态环境保护

（1）优化变电站（换流站）站区总平布置，减少占地，合理选择站内绿化或碎石铺盖。

实施绿化

碎石覆盖

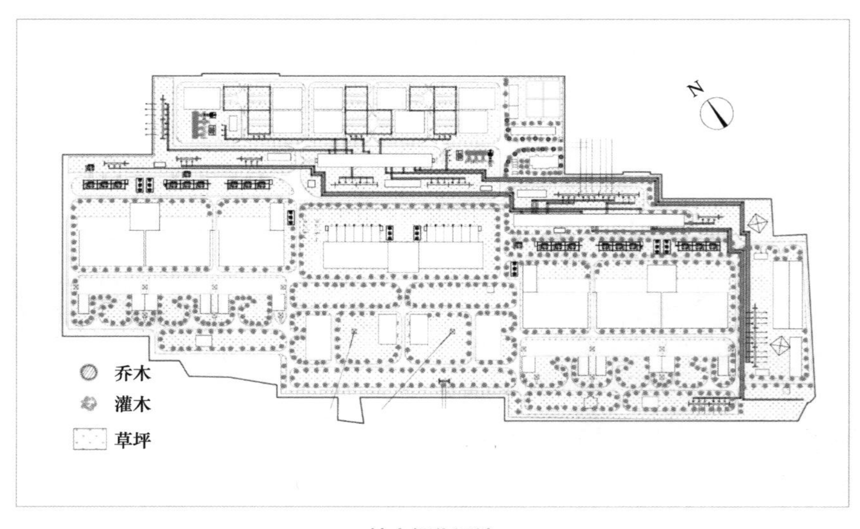

站内绿化设计

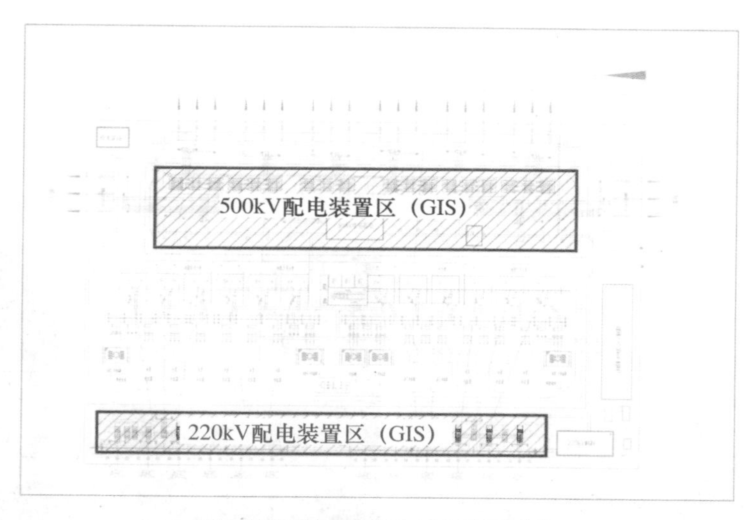

采用占地小的配电装置，减少站区占地

（2）输电线路尽量避让自然保护区、风景名胜区、饮用水水源保护区、世界文化和自然遗产地、海洋特别保护区等生态敏感区，无法避让时，需满足相关法规规定，加强生态环境保护措施，确保工程对该区域生态环境影响降至最低。

（3）输电线路避让集中林地，无法避让时尽量采用高跨方式。

高跨

（4）采用占用走廊较小的铁塔设计，山丘区塔基基础选择全方位高低腿，减少占地和土石方开挖量，减少水土流失、保护生态环境。

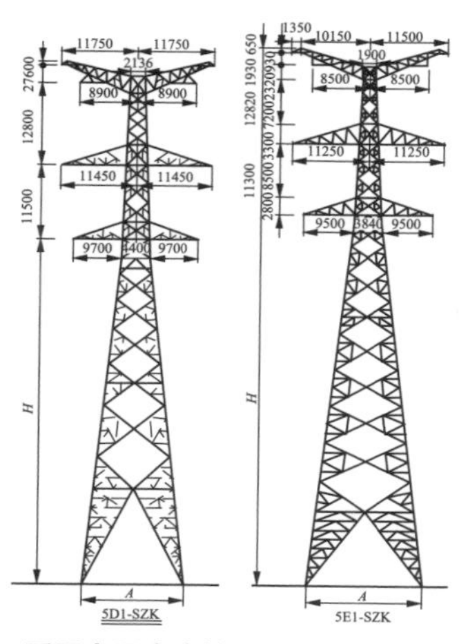

采用占用走廊较小的铁塔设计

山区段全方位高低腿铁塔

3.4.2 电磁环境保护

（1）变电站（换流站）：

a．变电站（换流站）选址时尽量避让住宅、学校、医院、办公楼、工厂等有公众居住、工作或学习的建筑物。

b．优化站区总平面布局，提高金具加工工艺。

（2）输电线路：

a．避让：尽量避让住宅、学校、医院、办公楼、工厂等有公众居住、工作或学习的建筑物。

输电线路路径设计

b. 抬高架线高度：根据设计规范及环评报告及其批复文件要求控制线高。

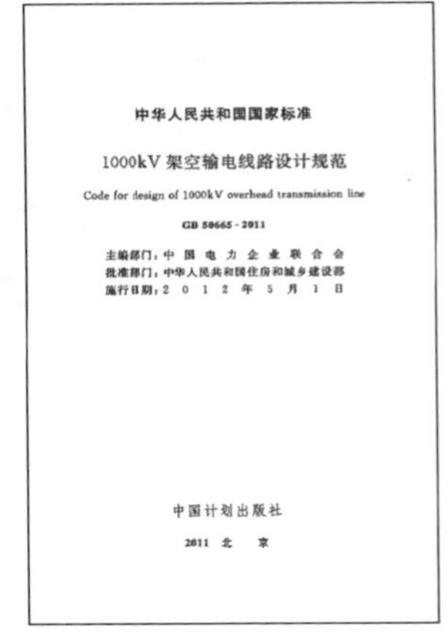

中华人民共和国国家标准

1000kV 架空输电线路设计规范

Code for design of 1000kV overhead transmission line

GB 50665-2011

主编部门：中国电力企业联合会
批准部门：中华人民共和国住房和城乡建设部
施行日期：2012年5月1日

中国计划出版社

2011 北京

抬高架线高度

3.4.3 声环境保护

（1）变电站（换流站）：

a. 声源控制措施：采用低噪声设备、对设备厂家提出设备噪声控制要求。

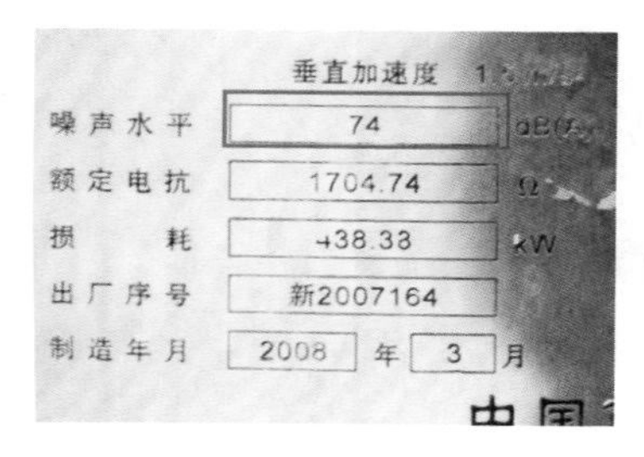

采用低噪声设备

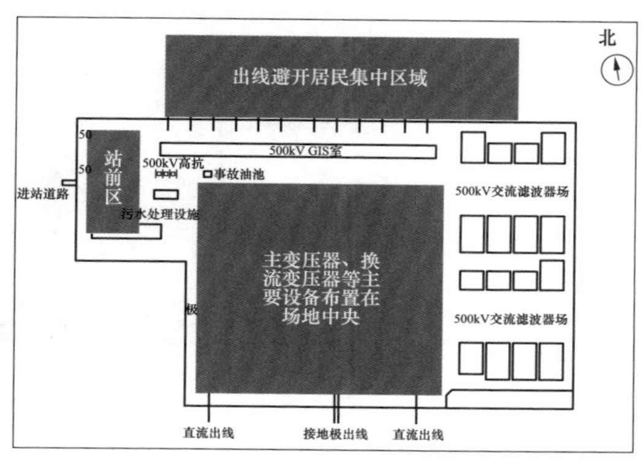

优化站区总平面布局

b．声源控制措施：采用Box-in等。

对高压电抗器进行Box-in封闭

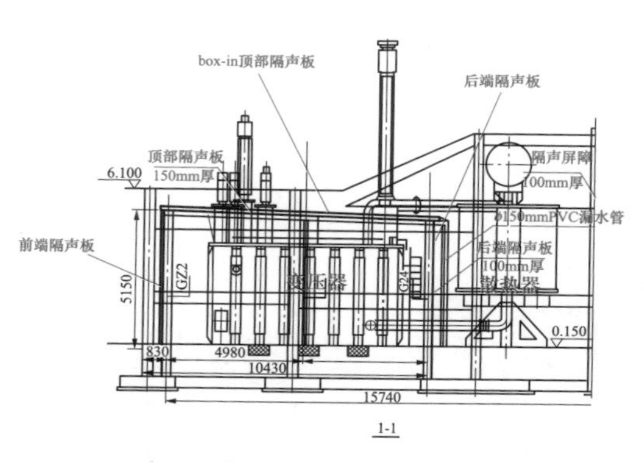

变压器本体的Box-in封闭设计

对换流变压器本体进行Box-in封闭

c. 隔声措施：设置防火隔声墙。

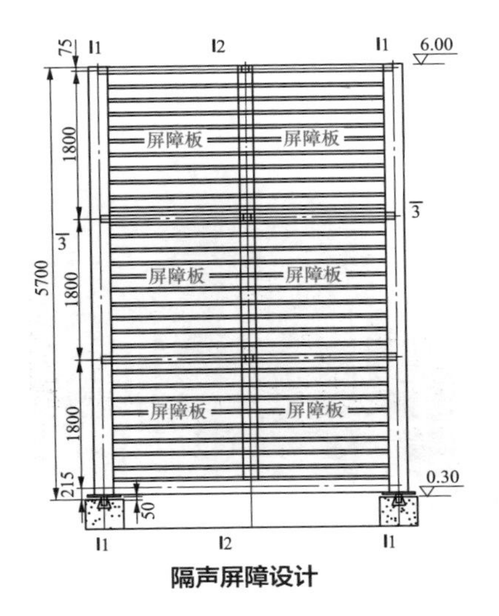

隔声屏障设计

主变压器防火隔声墙

d. 隔声措施：设置声屏障。

加高围墙或在围墙基础上设置声屏障

（2）输电线路：

a．选线时尽量避让医院、学校、机关、科研单位、住宅等对噪声敏感的建筑物；

b．抬高导线对地高度；

避让声环境敏感建筑物或区域，抬高导线对地高度

c．提高导线金具的加工工艺，合理选择导线截面和导线结构，以降低线路的电晕噪声水平。

合理选择导线

3.4.4 水环境保护

水环境保护主要是在变电站、换流站。

（1）雨水：经雨水管道汇至蓄水池或雨水泵房，最终用于站内绿化、场地喷洒或通过站外雨水管排入附近河（沟）道。

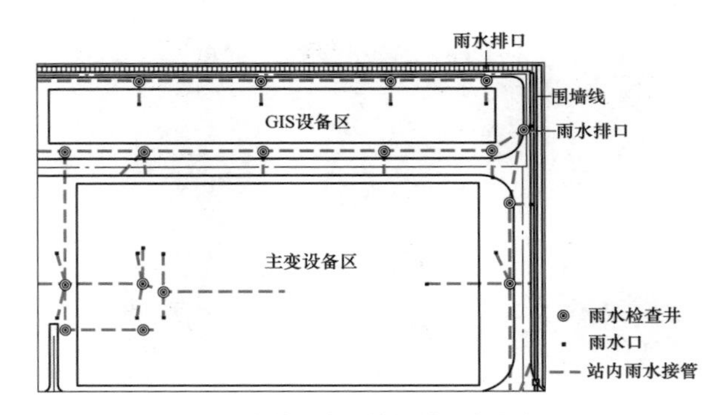

变电站雨水系统设计示意图

站区雨水泵站

变电站（换流站）雨水积蓄池

（2）生活污水：站内设置生活污水处理装置，生活污水经处理后或用于站区绿化、喷洒道路，或由当地环卫部门定期清运，或纳入当地市政污水管网，或达标排放。

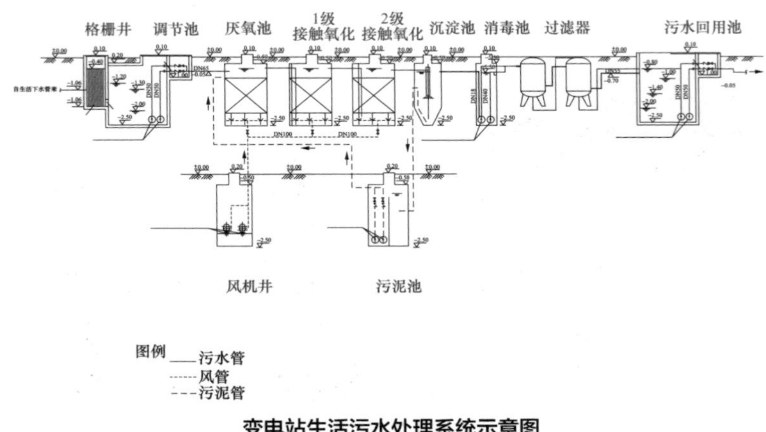

变电站生活污水处理系统示意图

3.5 施工阶段的环境保护措施

3.5.1 生态环境保护

生态环境保护主要是在输电线路。

（1）采用科学的材料运输方式，合理选择施工道路，减小对地表的扰动和植被的破坏。

施工索道材料运输

（2）采用无人机等先进的导线展放工艺，减小对地表的扰动和植被的破坏。

无人机展放导引绳

导线展放不落地施工

（3）铺垫彩条布或竹板、钢板，减少地表扰动，施工完结后及时迹地恢复。

铺设钢板

铺设竹席

铺设草垫保护荒漠化植被

进场、临时道路临时苫盖

减少地表扰动

（4）特殊及重要生态敏感区和野生动植物保护。

禁止任何人进入自然保护区的核心区，严禁随意进入自然保护区缓冲区，若需进入缓冲区，需事先向自然保护区管理机构提交申请和活动计划，经自然保护区管理机构批准后才可进入；严禁随意进入饮用水源一级保护区和森林公园、地质公园核心景区。

生态敏感区内施工要加强生态监管。

加强对施工人员的教育和管理，严禁捡拾鸟卵、捕捉野生动物及其幼体，尽可能减少进入保护区的施工人员，尽可能缩短施工人员在保护区内的停留时间。

禁止无关人员随意进入施工现场区，禁止越界施工。

施工现场设置警示牌和宣传牌，提醒施工人员和过路人员保护野生动物，安装防护围栏或建设围墙，避免野生动物侵入。

（5）迹地恢复。施工完成后，变电站（换流站）、塔基区、施工临时占地、临时道路等施工有关区域须及时恢复植被，属于耕地应恢复至满足耕种条件，非耕地应实施植被恢复措施，植被恢复应保证成活率。

应选用适合当地气候、地质条件的植被进行恢复。禁止采用自然恢复方式恢复植被。

拆迁前后对比

未开展迹地恢复　　　　迹地恢复后

3.5.2 声环境保护

声环境保护主要是在变电站、换流站。

（1）使用低噪声施工方法、工艺和设备，将噪声影响控制到最低限度；

（2）变电站（换流站）施工先建设围墙，利用围墙的隔声作用，减缓施工噪声对周围环境的影响。

利用围墙减缓噪声

（3）施工管理。合理安排高噪声设备的位置及施工作业时段，如因工艺要求需夜间施工，需按《中华人民共和国环境噪声污染防治法》的规定，取得县级及以上人民政府或者其有关主管部门意见，并公告附近居民。

同时在夜间施工时禁止使用产生较大噪声的机械设备如推土机、挖土机等，禁止夜间打桩作业。

张贴夜间施工告示

3.5.3 水环境保护

（1）河网地区和水中立塔施工设置泥浆沉淀池或泥浆槽集中处理，并设置围栏及警示标识，禁止将泥浆和污水直接外排。

泥浆沉淀池

泥浆槽

施工废水沉淀池

（2）物料、车辆清洗、养护废水经沉砂池处理循环利用。

（3）做好施工场地周围的拦挡措施，尽量避免雨季开挖作业，不外排施工废水。

循环水利用设备

（4）变电站（换流站）设置施工营地，营地设置化粪池等污水处理设置，并定期清运。

（5）输电线路施工人员租用当地民房，利用当地已有污水处理设施消纳，或设置移动厕所等临时设施处理，不随意排放。

3.5.4 大气环境保护

（1）开挖面予以苫盖。

开挖面苫盖

（2）合理装卸，规范操作，在运输时用防水布覆盖，进出场地的车辆限制车速。

（3）对于风沙大地区，开挖施工现场周围设置防风围栏。

运输车辆防水布覆盖

施工营地挡风网防护

（4）临时堆土工布遮盖并压实。

生、熟土堆遮盖

（5）施工区域定期洒水降尘。

洒水降尘

3.6 运行阶段的环境保护

3.6.1 环境风险防控

为避免可能发生的主变压器、换流变压器、高压电抗器等注油电气设备因事故漏油或泄油而产生的废弃物污染环境，进入事故油池中的废油不得随意处置，如发生事故漏油，应由具备资质的单位对事故油进行回收处理，少量废油渣及含油污水由有资质的危险废物收集部门回收，不得随意丢弃、焚烧或简单填埋。

事故油池

3.6.2 固体废物处置

对废弃的油类和蓄电池等危废运至有资质的专门回收公司处置。施工垃圾、化学品等分类收集、堆放和处置，避免对土壤、水体和环境的污染。

分类处置

3.6.3 设立警示标志

变电站（换流站）设置警示标志

输电线路设置警示标志

3.6.4 环境管理措施

成立专门的环境保护组织机构，编制培训材料，对施工人员进行文明施工和环境保护培训，加强建设期的环境管理和环境监控工作。

现场培训

3.7 项目竣工环境保护验收工作流程

（1）根据电网建设项目建设进度，建设管理单位组织环境保护验收调查单位开展环境保护验收调查和环境保护监测，环境保护验收调查单位提出整改要求。

（2）建设管理单位组织设计、施工监理、施工单位完成环境保护调查的配合工作和整改工作。

（3）环境保护验收调查单位编制《环境保护验收调查报告》完成后，建设管理单位组织开展内审工作。

（4）内审通过后，向对应的环境保护归口管理部门申请开展竣工环境保护验收。

（5）建设管理单位组织工程各参建单位配合并参加技术审评、现场检查和验收会。

（6）对于技术审评、现场检查和验收会中发现的问题，建设管理单位应在规定期限内整改完毕。

（7）竣工环境保护验收意见印发后，建设管理单位应当通过其网站或其他便于公众知晓的方式，依法向社会公开电网建设项目竣工环境保护验收相关信息，并进行报备。

（8）环境保护验收资料归档：建设管理单位向档案室提交《环境保护验收调查报告》以及电子版。

水土保持篇

★ 4 水土保持措施

4.1 水土保持措施简介

4.1.1 《中华人民共和国水土保持法》规定

（1）**表土**：对地表土应当进行分层剥离、保存。生产建设活动结束后，应当及时在取土场、开挖面和存放地的裸露土地上回覆表土，植树种草、恢复植被。

（2）**废弃渣石**：应当综合利用，不能综合利用，确需废弃的，应当堆放在水土保持方案确定的专门存放地，并采取拦挡、坡面防护、防洪排导、绿化等措施。

（3）**水土流失**：生产建设项目或者从事其他生产建设活动造成水土流失的，应当进行治理。

4.1.2 水土保持措施类型

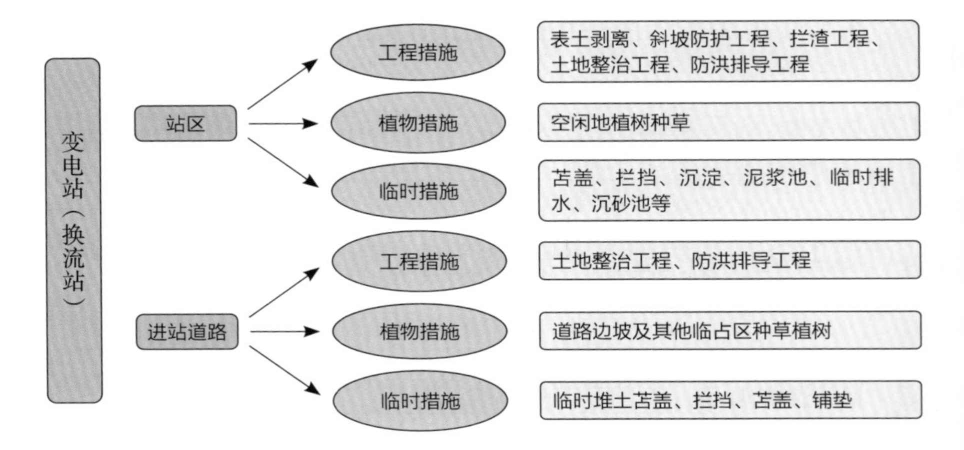

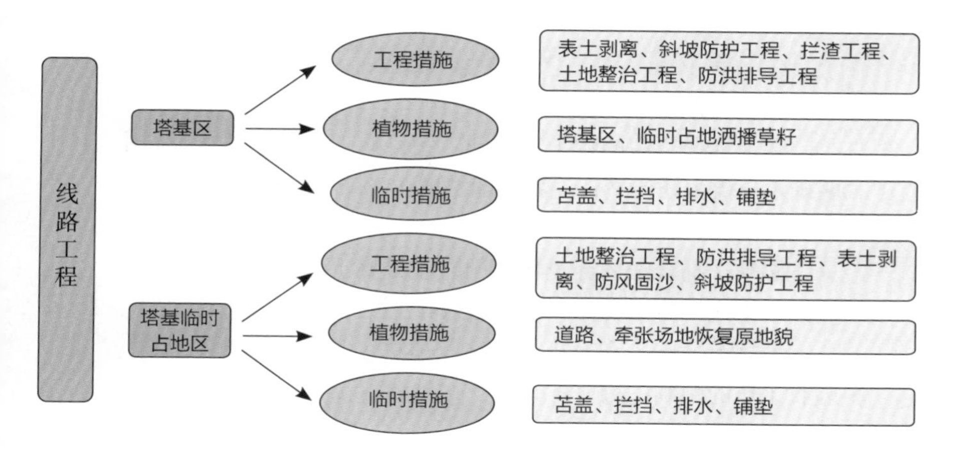
线路工程
塔基区
工程措施
表土剥离、斜坡防护工程、拦渣工程、土地整治工程、防洪排导工程
植物措施
塔基区、临时占地洒播草籽
临时措施
苫盖、拦挡、排水、铺垫
塔基临时占地区
工程措施
土地整治工程、防洪排导工程、表土剥离、防风固沙、斜坡防护工程
植物措施
道路、牵张场地恢复原地貌
临时措施
苫盖、拦挡、排水、铺垫

外购土方：

必须选择合法的购土场，同时签订购土合同，并在合同中明确水土流失防治责任。不能随意取土。

弃土外运：

必须选择合法的弃土场，同时签订弃土合同，并在合同中明确水土流失防治责任。不能随意弃土。

不规范的购土和弃土行为涉及违法，并影响水土保持设施验收工作的顺利进行。

输电线路弃土弃渣处理要求

余土无法在塔基内处理时，应选择合法的弃土场处理或经当地主管部门同意采用综合利用方式处置，同时须取得相关协议，并落实防护措施。

严禁将弃土随意丢弃

施工过程中产生的泥浆，在经过干化处理后就地回填或综合利用，泥浆池在施工结束后需恢复原地貌。

4.2 水土保持措施——临时措施

施工过程中按批复的水土保持方案和设计文件要求采取临时性的水土流失防治措施，如“拦挡、衬垫、苫盖、压实、喷淋”等，防止施工活动造成水土流失危害。

山区段塔基、道路施工应做到“先拦后弃、先围后挖、先护后扰”。施工产生的弃土弃渣严禁随坡倾倒。裸露时间超过一个生长季节的，应进行临时种草。

施工中对周边造成影响的，必须采取相应的临时拦挡防护措施，如挡渣墙、截水沟、填土编织袋拦挡等措施。

山区段塔基基础、临时道路开挖前必须完成先拦后弃：首先用编织袋装表土在开挖作业面下方适当距离形成一道拦挡，杜绝弃渣下泄。

施工产生的临时堆土，在条件允许时可在塔基区合理堆放，并确保稳固。

拦挡

未设置临时防护措施

临时防护措施典型实例

临时防护工程——临时拦护

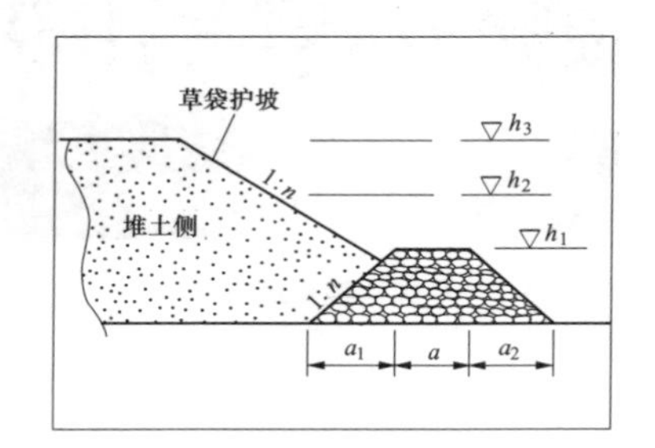

临时拦护示意图

临时拦护现场实施效果

施工要求：

（1）一般采用草袋装土进行挡护，草袋装土布设于堆场周边、施工边坡的下侧，其断面形式和堆高在满足自身稳定的基础上，根据堆体形态及地面坡度确定。

（2）一般采取“品”字形紧密排列的堆砌护坡方式，挡护基坑挖土，避免坡下出现不均匀沉陷，铺设厚度一般0.4～0.6m，坡度不应陡于1∶1.2～1∶1.5，高度宜控制在2m以下。

（3）草袋填土交错垒叠，袋内填充物不宜过满，一般装至草袋容量的70%～80%为宜。

生熟土和临时堆土应采取临时防护措施，如苫盖、围挡等，避免水土流失。

线路塔基

变电站（换流站）

临时防护工程——临时苫盖

变电站供水管线临时保护

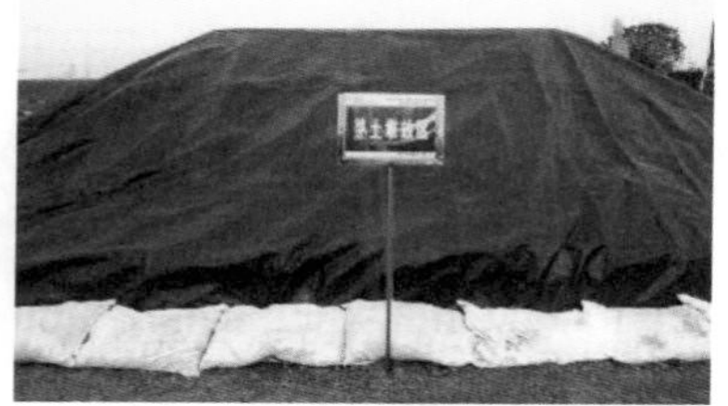

剥离表土集中堆放苫盖

基坑、道路、给排水管线开挖，施工期间可采用密目网、彩条布苫盖、坡脚采用编织袋临时挡护。施工结束后及时植被恢复/恢复原地貌。

临时防护工程——临时沉沙池

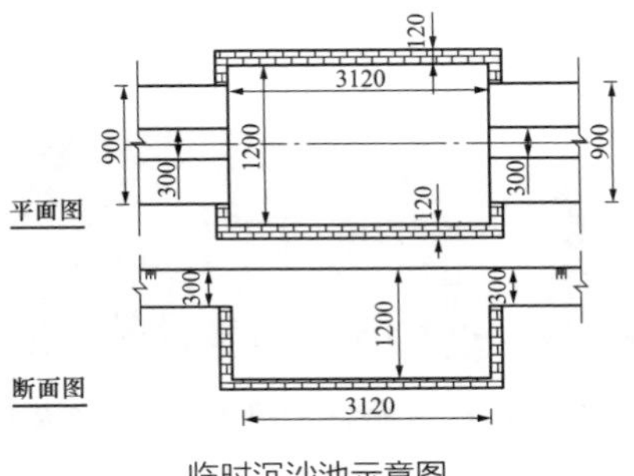

临时沉沙池示意图

临时沉沙池现场实施效果

施工要求：

（1）为了防止径流对沟口地表的冲刷及过多的泥沙进入自然沟道，需在排水口出口处布设沉沙池进行缓冲及沉淀泥沙。

（2）沉沙池一般为矩形，一般宽1～2m，长2～4m，深1.5～2.0m。

临时防护工程——泥浆沉淀池

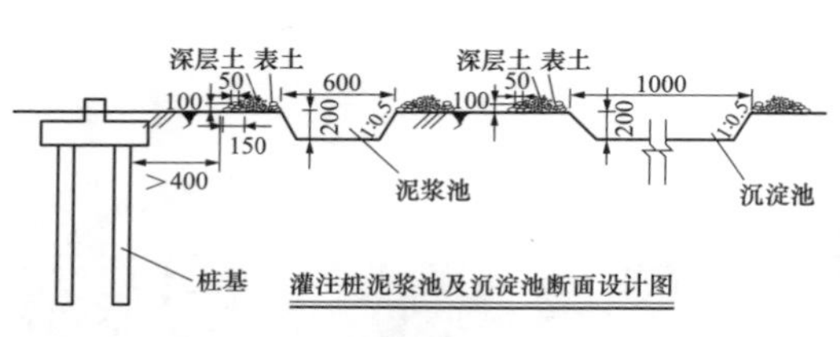

泥浆沉淀池示意图

泥浆沉淀池现场实施效果

施工要求：

（1）施工过程中，需在灌注桩外侧设置泥浆池存放钻孔施工需要的泥浆。

（2）泥浆池采用半挖半填方式，其尺寸根据钻渣泥浆量确定，池壁开挖坡比控制在1：0.5，以保持边坡的稳定。

（3）施工结束后，对施工场地区进行坑凹回填，土地整治。

临时防护工程——临时苫盖及铺垫

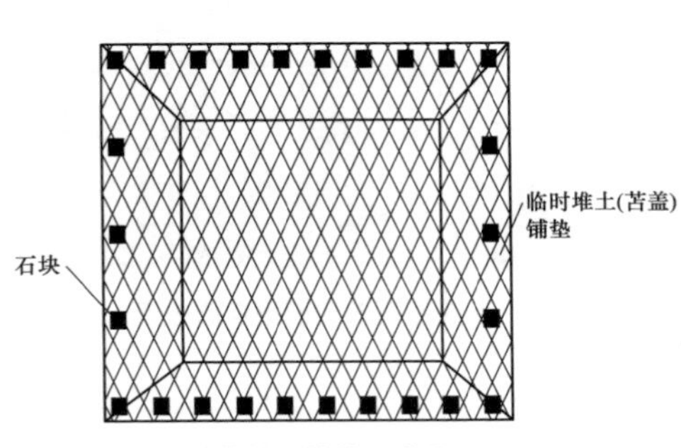

临时苫盖及铺垫示意图

临时苫盖及铺垫现场实施效果

施工要求：

（1）对临时堆放的渣土和当地材料供应情况，选用防尘网、彩条布等苫盖，周边用重物压实，避免刮风引起的扬尘及降雨形成径流。

（2）对临时堆放的渣土和当地材料供应情况，选用彩条布等铺垫在底部，减少清理渣土时对原地貌的扰动。

（3）施工结束后，应对施工过程中的占用场地进行清理恢复原貌。

铺设草垫保护荒漠化植被

施工期间施工道路应采取钢板、草垫、木板、竹席或者彩条布等进行铺垫防护，保护地表，减少车辆、人为活动破坏。

牵张场彩条布临时铺垫

施工场地临时铺垫，保护环境和设备工具

牵引场铺设钢板架

牵引场彩条布铺垫

铺垫彩条布

控制施工场地范围，并在场地内铺垫彩条布或竹板，减少地表扰动，有利于地表恢复。

临时防护工程——彩条旗围护

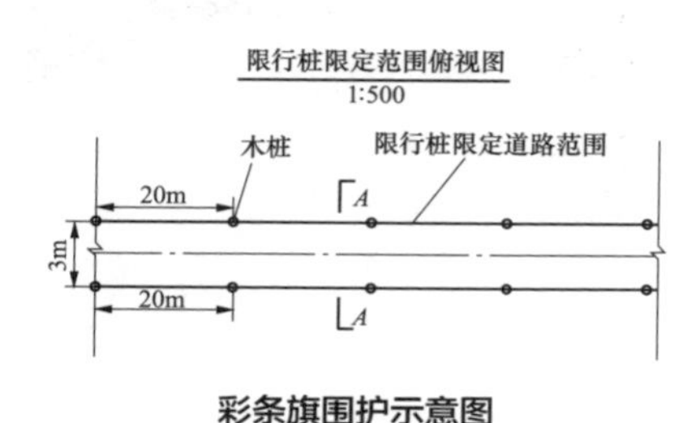

彩条旗围护示意图

彩条旗围护现场实施效果

施工要求：

（1）为了减少施工期的扰动范围，采取在施工场地周围、施工道路两侧设彩条旗限界措施。

（2）施工结束后对彩条旗进行拆除回收。

临时防护工程——素土夯实

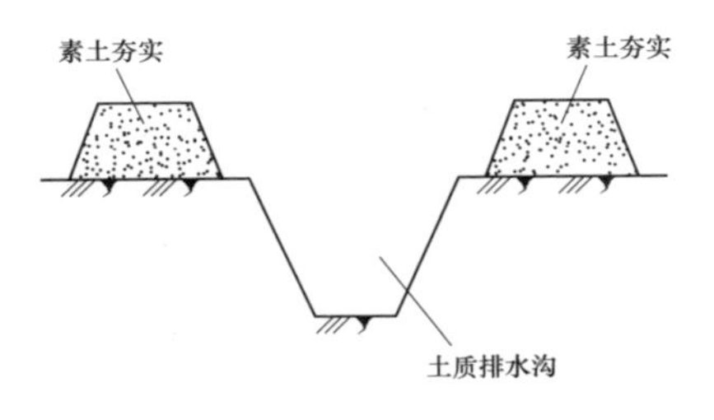

素土夯实示意图

素土夯实现场实施效果

施工要求：

（1）施工过程中需对临时堆土进行夯实处理。

（2）施工结束后进行回填恢复原貌。

临时防护工程——临时排水

施工要求：

（1）根据实际情况，为保障施工期施工场地内排水通畅，对于塔基区和施工道路区，开挖一定数量的临时排水沟。

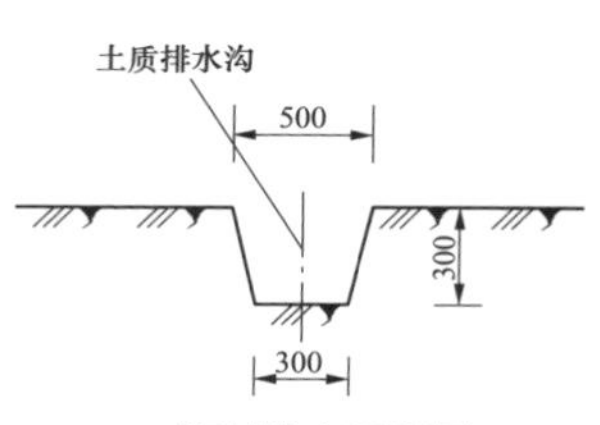

临时排水示意图

临时排水现场实施效果

（2）排水沟与周围自然沟道相接。

（3）土质排水沟多采用梯形断面，其边坡系数应根据开挖深度、沟槽土质及地下水情况等条件，经稳定性分析后确定。

（4）施工结束后，应对施工过程中的临时占地进行土地整治，并尽可能恢复原貌。

4.3 水土保持措施——工程措施

斜坡防护措施原则

变电站（换流站）、道路、线路塔基等区域开挖、填筑形成的边坡采取斜坡防护措施防治，当坡脚不稳定时应修筑坡脚挡墙或抗滑桩进行稳定防护。经防护达到安全稳定要求的边坡，恢复林草植被。

主要斜坡防护措施有：

工程护坡——挡墙、削坡开级、浆砌石（混凝土）护坡。

植物护坡——骨架植草护坡、三维植草护坡。

坡面固定及滑坡防治。

斜坡防护工程——工程护坡

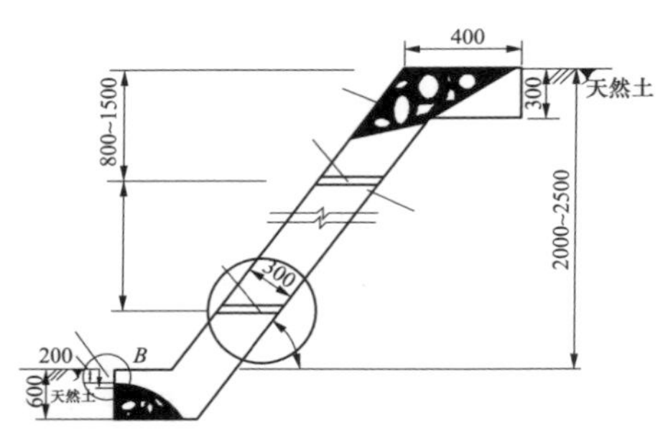

工程护坡结构示意图

工程护坡现场实施效果

施工要求：

（1）凡易风化的或易受雨水冲刷的岩石和土质边坡及严重破碎的岩石边坡应进行护坡防护。

（2）护坡施工开始前，应进行表土剥离工作，并“先拦后弃”，表土做到集中堆放，并用于后期的植被恢复工作。

（3）浆砌石护坡一般布设在坡面较陡、水蚀较为严重的特高压工程变电站（换流站）和线路塔基等需要防护的区域。

（4）干砌石护坡一般布设在坡面较缓、水流速度较缓的变电站（换流站）和线路塔基等需要防护的区域。

（5）混凝土护坡一般布设在边坡坡脚可能遭受强烈洪水冲刷的陡坡段的变电站（换流站）和线路塔基等需要防护的区域。

（6）护坡集流面积小时，可采用渗水孔将汇水导出；如集流面积大，应增设截排水措施。

（7）禁止在修建好的护坡范围堆放大量施工材料和停放重型机械，以避免产生过大荷载。

（8）护坡施工结束后，应对施工过程中的临时占地进行土地整治，并恢复植被。

斜坡保护措施不到位，极易发生滑坡和水土流失。

斜坡防护

塔基未设置护坡保护

斜坡防护

变电站（换流站）综合护坡

进站道路浆砌石护坡

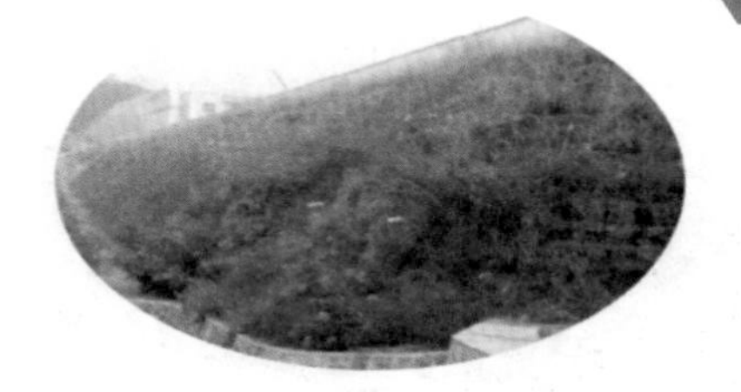

变电站（换流站）三维生态护坡

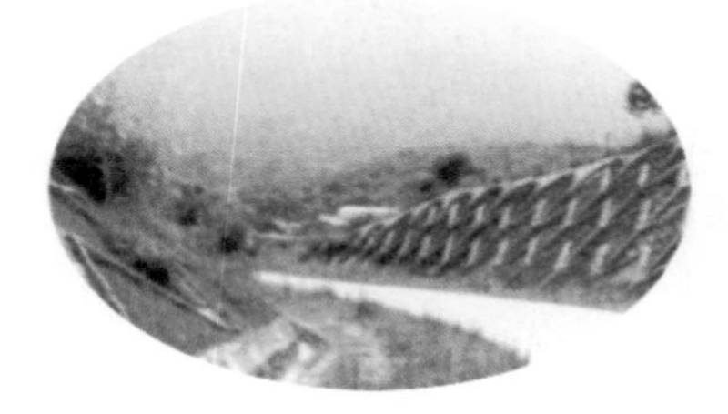

进站道路综合护坡

斜坡防护措施必须根据地形、地质、水文条件、施工方式等因素确定。

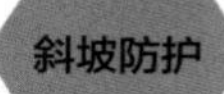

塔基高低腿护坡

塔基浆砌石护坡

斜坡防护工程——截排水沟

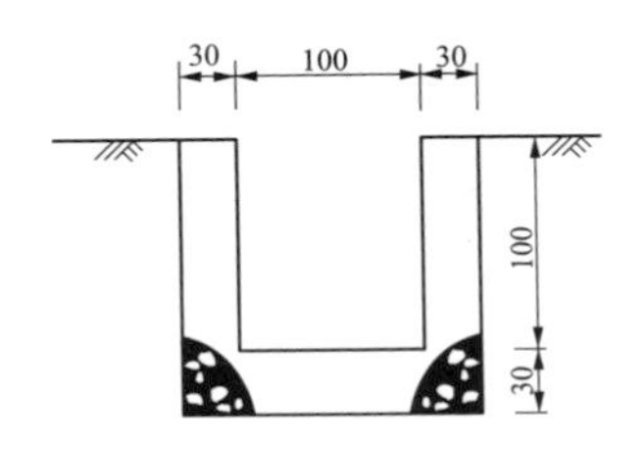

截排水沟结构示意图

截排水沟现场实施效果

施工要求：

（1）护流集流面积较大，应增设截排水措施。

（2）排水沟采用浆砌块石砌筑，排水沟排水口应设置顺接消能措施，避免出现明显的局部冲刷现象。

（3）禁止在修建好的排水沟范围堆放大量施工材料和停放重型机械，以避免产生过大荷载。

（4）排水沟施工结束后，应对施工过程中的临时占地进行土地整治，并恢复植被。

拦渣防护措施原则

拦渣防护应“先拦后弃”，保护生态环境，弃土、弃渣、废弃物治理满足水土保持方案要求。

施工产生的弃土，应按水土保持方案设置的弃土场进行堆放，并采取拦挡等措施进行防护；平原塔基区一般按水土保持方案在塔基区进行平整堆放，山区段应在塔基区设置拦渣墙等措施进行防护。

拦渣工程——拦渣墙

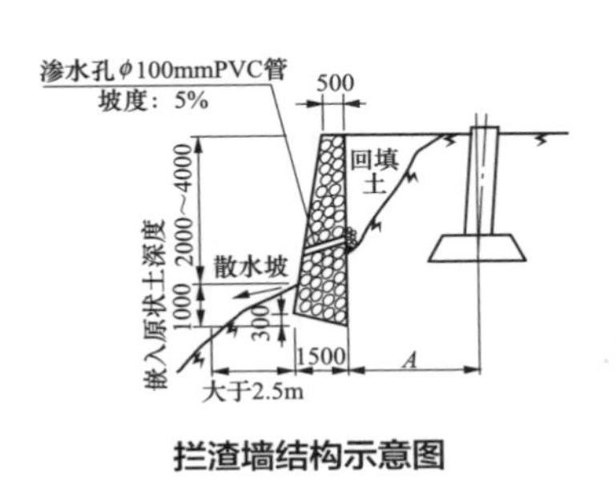

拦渣墙结构示意图

拦渣墙现场实施效果

施工要求：

（1）山丘区塔基余土回填时，应在基础施工前先在堆土下方修建拦渣墙。

（2）拦渣墙以浆砌块石类型为主，混凝土类型也可，慎重使用干砌石型式。

（3）拦渣墙施工开始前，应进行表土剥离工作，并实施“先拦后弃”，表土做到集中堆放，并用于后期的植被恢复工作。

（4）堆渣或边坡高度较高时，考虑采用削坡措施，优先使用混凝土型式拦渣墙。

（5）拦渣墙长边方向应与降雨汇流方向一致，减少水流冲刷。

（6）拦渣墙上游集流面积小时，可采用渗水孔将汇水导出；如集流面积大，上游应增设截水措施。

（7）禁止在修建好的拦渣墙范围堆放大量施工材料和停放重型机械，以避免产生过大荷载。

（8）拦渣墙施工结束后，应对施工过程中的临时占地进行土地整治，并恢复植被。

严禁弃渣随意弃置。

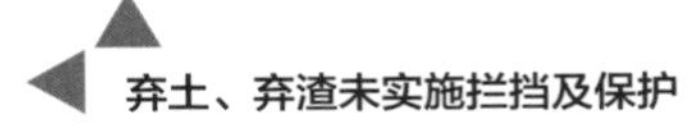

弃土、弃渣未实施拦挡及保护

塔基区弃渣挡墙

河道区弃渣拦挡

变电站（换流站）三维生态挡墙

河网区塔基弃渣拦挡

防洪排导工程措施原则

防洪排导工程将项目区周边山坡来洪安全排泄，与项目区排水系统相结合，确保变电站（换流站）及塔基免受洪水危害。

变电站（换流站）、道路、塔基等区域应按水土保持方案要求实施防洪排导工程。变电站（换流站）区，站内站外应实施排水措施，并顺接至周边的自然沟道或者河道。变电站（换流站）站外排水排入河道时应办理相关准排手续。

严禁“断头沟”或散排，造成新的水土流失危害。

塔基山区段应根据地形条件设置截排水措施，并顺接至周边自然沟道。

防洪排导工程——排洪渠

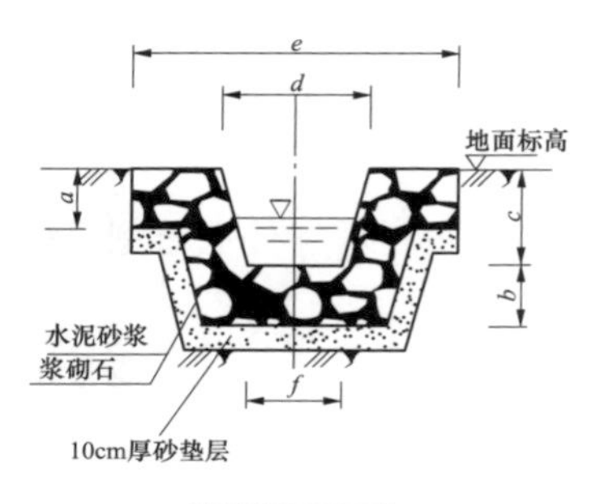

排洪渠示意图

排洪渠现场实施效果

施工要求：

（1）山丘区塔基或变电站（换流站）易遭受洪水危害时，须布置排洪渠。

（2）项目区内各类场地道路以及其他地面排水，应与排洪渠衔接顺畅，形成有效的洪水排泄系统。

（3）禁止在修建好的排水渠范围堆放大量施工材料和停放重型机械，以避免产生过大荷载。

（4）排洪渠施工结束后，应对施工过程中的临时占地进行土地整治并恢复。

防洪排导工程——雨水排水管线

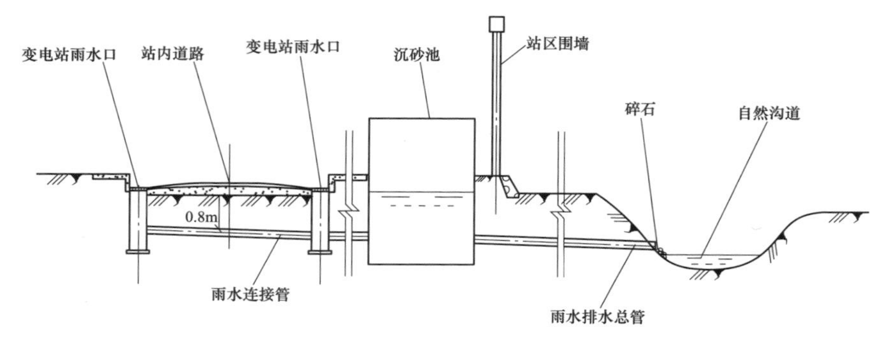

雨水排水管线示意图

雨水排水管线现场实施效果

施工要求：

（1）变电站（换流站）内应按雨水汇流情况布设雨水排水管线。

（2）排水管出口应与自然沟道顺接。

（3）管线施工开挖的临时堆土应进行苫盖和挡护。

（4）施工结束后，应对施工过程中的临时占地进行土地整治，并恢复植被。

防洪排导工程——排水口

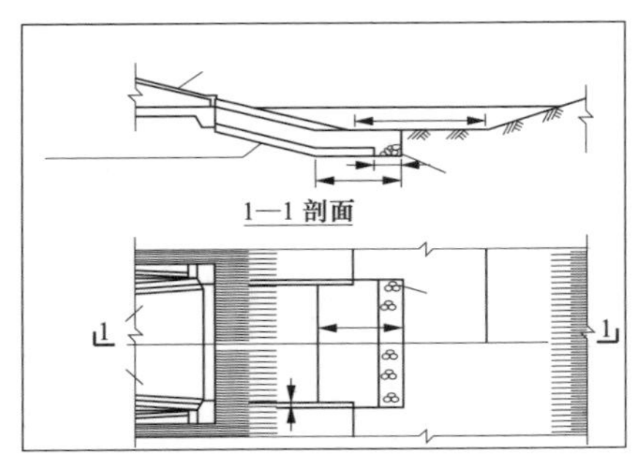

排水口结构示意图

排水口现场实施效果

施工要求：

（1）防洪排导工程出水口应修建排水口。

（2）排水口与自然沟道顺接。

（3）禁止在修建好的排水口范围堆放大量施工材料和停放重型机械，以避免产生过大荷载。

（4）施工结束后，应对施工过程中的临时占地进行土地整治，并恢复植被。

降水蓄渗工程——碎石铺垫

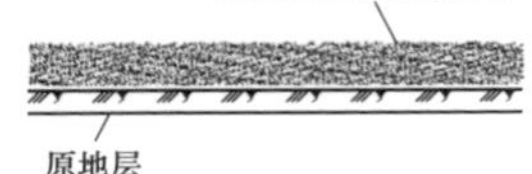

碎石铺垫示意图

碎石铺垫现场实施效果

施工要求：

（1）碎石压盖就是用直径3～5cm的碎石，在裸露地表进行覆盖。

（2）覆盖前，先对地表进行平整、压实，平整地面坡度小于1°～2°。

（3）再铺设1～2cm的石灰粉［适用于变电站（换流站）］，防止风吹落地的林草种子落地生长。

（4）再铺设8～10cm厚的碎石进行压盖。

降水蓄渗工程——蓄水池

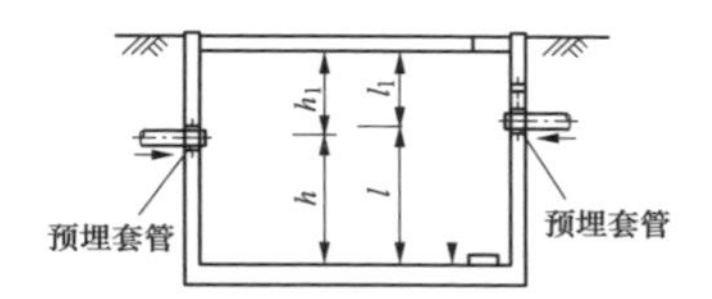

蓄水池结构示意图

蓄水池现场实施效果

施工要求：

（1）干旱地区，变电站（换流站）内根据需要设置蓄水池。

（2）雨水蓄水池同时设溢流排水管，正常情况下雨水蓄积利用，当遇到大暴雨，雨水蓄满后可通过溢流管进入雨水排水系统内。

（3）蓄水池内设潜水泵，作为绿化生态用水给水泵，水泵出水管接至原设计绿化水管道。

截排水沟

截排水沟：建设区内修建截排水沟，可有效防治降雨或上游来水的冲刷。截水沟是指在坡顶区域修筑的拦截、疏导坡面径流，具有一定比降的沟槽工程；排水沟用于排除地面、沟道或地下多余水量。

站区排洪渠、排水渠

排水顺接至沟道

防洪排导

道路排水

河道边浆砌石八字排水口

河网平原区塔基护坡、排水沟

防洪排导

塔基坡脚设置排水沟

塔基护坡、排水沟

塔基区排水

防风固沙工程措施原则

对于地处北方风沙区易引发土地沙化的变电站（换流站）、输电线路工程，施工中开挖临时堆土及扰动面要采取苫盖措施防护，施工结束后，应实施防风固沙工程。

宜采取草方格沙障、植物固沙、砾石压盖等措施进行防护。

防风固沙工程可防止风沙危害，遏止水土流失。

固沙草种应根据气候条件选择，并有较强的固沙能力和繁殖力。

防风固沙工程——沙障

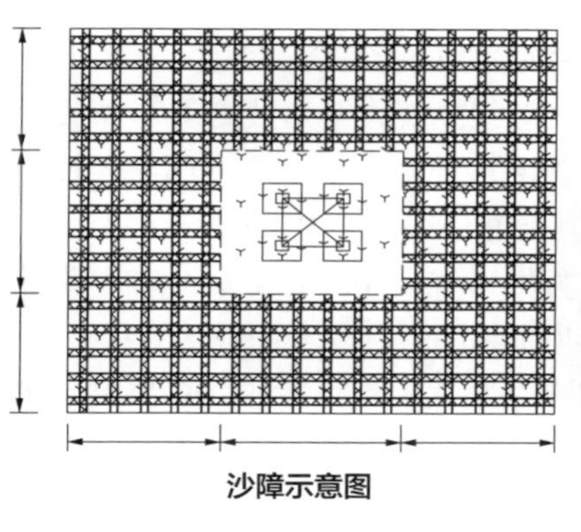
沙障示意图

沙障现场实施效果

施工要求：

（1）对风沙区扰动场地进行恢复时应根据需要设置沙障。

（2）施工前有条件的地区可先备好柴草或者麦草侵水。

（3）施工时将柴草或者麦草沿位置线摆好，柴草或者麦草与位置线垂直，位于位置线中间，然后用平头铁锹从柴草或者麦草中部插入沙中，麦草地上外露部分高度为10～12cm，其余部分埋入沙中。

（4）沙埋部分不小于20cm，草方格形成后用脚将柴草或者麦草根部踩实，并用铁锹将方格中心的沙子向四周外扒。

（5）草方格布置时，横向布置要和主风向垂直，方格边长为0.8～1.0m。

站区空闲地砾石压盖

站区空闲地砾石压盖

防风固沙

进站道路两侧沙障

塔基区沙障网格

表土剥离及保护
措施原则
人工剥离表层熟土（一般在10～30cm），临时集中堆放并用彩条布或防尘网苫盖防止风吹扬尘或雨水冲刷流失。施工结束后回覆在表层，根据原占地性质采取耕地恢复或植被恢复措施。

土地整治工程——表土剥离及回覆

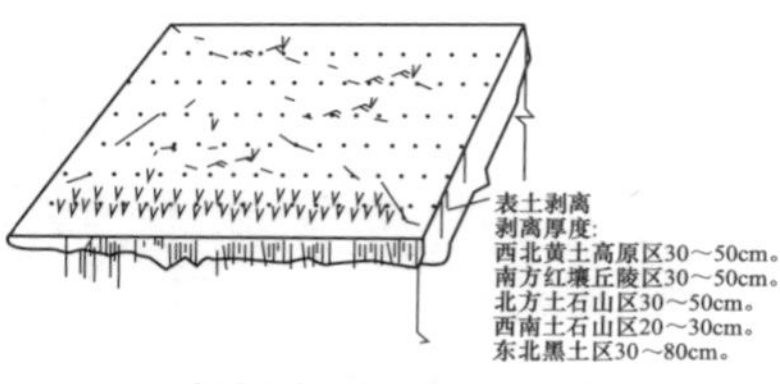

表土剥离及回覆示意图

表土剥离及回覆实施效果

施工要求：

（1）地表开挖或回填施工区域，施工前应进行表土剥离。

（2）剥离厚度根据熟化土层厚度确定，应优先选择土层厚度不小于30cm的扰动地段。

（3）土地整平工作结束后，应调运临时堆放表土对扰动区域进行表土回覆。

（4）对于回覆的表土需进行整平恢复。

表土剥离及保护

站区施工前实施表土剥离

表土剥离集中堆放

生土、熟土分别集中堆放

草皮剥离

草皮回铺

土地整治措施原则

施工中，按照“挖填平衡”原则，减小开挖占用土地及弃土量。合理规划施工总平面布置，采用先进架线工艺，将需要土地整治的面积控制在最小范围以内。

变电站（换流站）、塔基、临时道路、牵张场地、施工生产生活等区域，施工结束后，要进行土地平整，回覆表土；生产生活区应拆除地表建筑物，平整地表，回覆表土。土地整治后，需进行植被恢复（恢复原地貌）或根据原占地类型，进行耕地恢复或者植被恢复。

土地整治工程——土地整治

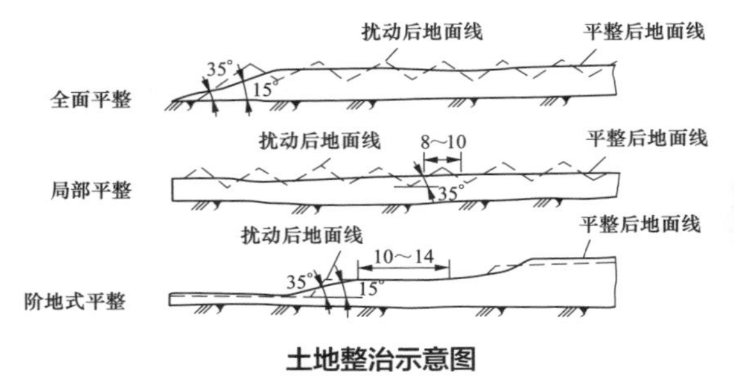

土地整治示意图

土地整治现场实施效果

施工要求：

（1）工程征占地范围内需要复耕或恢复植被的扰动及裸露土地均需进行土地整治。

（2）土地整治按照整平方式可分为全面整地、局部整地和阶地式整地。

（3）经整治形成平地或缓坡地（坡度在15° 以下）、土质较好、覆土厚度0.5m以上（自然沉实）可恢复为耕地。

（4）对于复垦为林地的，坡度应不大于35° ，裸岩面积在30%以下，覆土厚度不小于0.8m。

（5）对于复垦为草地的，坡度应不大于25° ，覆土厚度不小于0.3m。

施工完结须及时实施土地整治，进行植被恢复或耕地恢复。

土地整治

站区项目部恢复对比

站区弃土场耕地恢复

施工场地恢复对比

塔基区土地整理后植被恢复

土地整治工程——耕地恢复

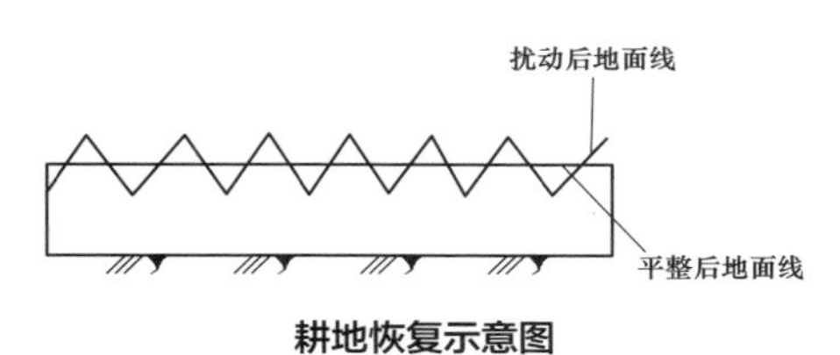

耕地恢复示意图

耕地恢复现场实施效果

施工要求：

（1）工程征占地范围内需要复耕的扰动及裸露土地均需进行耕地恢复。

（2）经整治形成平地或缓坡地（坡度在15°以下）、土质较好、覆土厚度0.5m以上。

（3）当用作水田时，坡度一般不超过2°～3°。

（4）施工结束后，应对施工过程中的临时占地进行耕地恢复。

4.4 水土保持措施——植物措施

树种及草种的选择要因地制宜，综合考虑气候特征、土壤、地形变化及周围景观。

对于开挖破损面、堆弃面、占压破损面及边坡，在安全稳定的前提下采用植物防护措施，恢复自然景观。

变电站（换流站）、塔基、进站道路等施工结束后，站区空闲地、进站道路两侧、塔基区等均按要求实施绿化措施；其他临时占地如属林草地，按要求，恢复林草植被。

植被建设工程——植物护坡

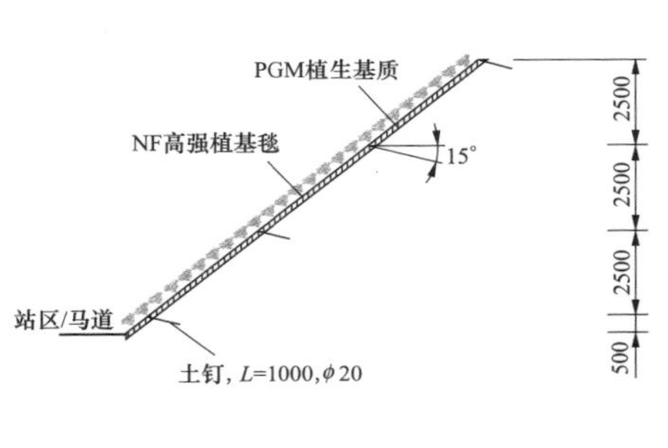

植物护坡示意图

植物护坡现场实施效果

施工要求：

（1）边坡采用NF高强植基毯绿化护面。

（2）植壤土选用站址原有地表土或农田土，经粉碎过8mm筛集中堆放备用，风干过筛后的植壤土应采取防水措施，其含水率不大于20%，纤维可就地取秸秆、树枝等粉碎成10～15mm长，含水量不大于20。

（3）植被种子采用草灌结合，在使用前应做发芽试验，发芽率达90%以上即可，对难发芽的植被种子使用前应做催芽处理。

（4）施工工艺：清理、平整坡面并达到设计坡比→铺设NF高强植基毯→安装土钉搭接固定→播撒植物种子→潮润坡面养护→交验前养护管理。

（5）土钉采用Φ20HRB335级钢筋，长度为1m，以与水平夹角大于15°的角度打入坡体，间距为2.5m（水平方向）×2.5m（垂直方向）。

（6）施工结束后，应对施工过程中的临时占地进行土地整治，并恢复植被。

植被建设工程——格状框条护坡

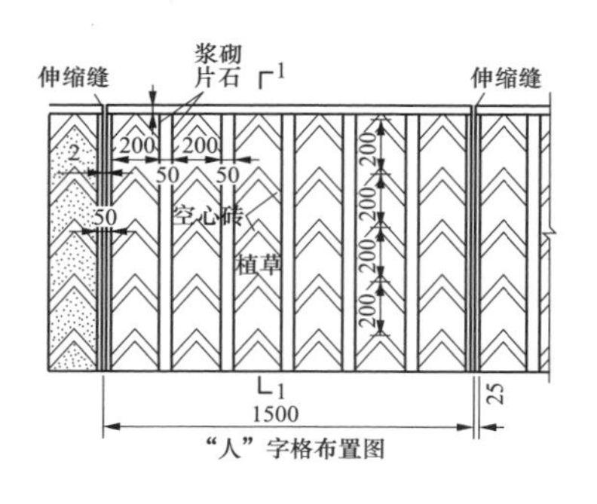

格状框条护坡示意图

格状框条护坡现场实施效果

施工要求：

（1）砌筑骨架时应先砌筑骨架衔接处，再砌筑其他部分骨架，两骨架衔接处应处在同一高度；骨架与边坡水平线成45°左右互相垂直铺设；施工时应自下而上逐条砌筑骨架，骨架应与边坡密贴，骨架流水面应与草皮表面平顺。

（2）骨架砌好后，即填充改良客土，充填时要使用振动板使之密实，靠近表面时用潮湿的黏土回填。

（3）铺草皮时，把运来的草皮块顺次平铺于坡面上，草皮块与块之间应保留5mm的间隙，块与块的间隙填入细土。

（4）铺好的草皮在每块草皮的四角用尖桩固定，长20～30cm，粗1～2cm。钉尖桩时，尖桩与坡面垂直，尖桩露出草皮表面不超过2cm。

（5）待铺草皮告一段落时，要用木锤将草皮全面拍一遍，以使草皮与坡面密贴。

（6）在坡顶及坡边缘铺草皮时，草皮应嵌入坡面内，与坡缘衔接处平顺，以防止草皮下滑。

植被建设工程——草皮铺植

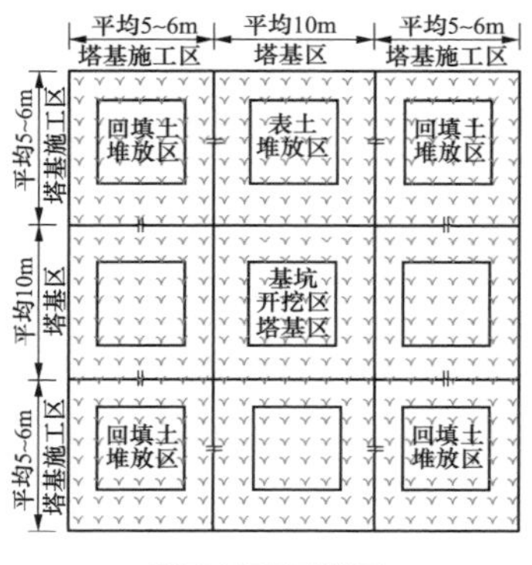

草皮铺植示意图

草皮铺植现场实施效果

施工要求：

（1）施工前对草皮进行剥离养护。

（2）施工结束后铺草皮时，把运来的草皮块顺次平铺于坡面上，草皮块与块之间应保留5mm的间隙，块与块间的间隙填入细土。

（3）雨季施工，为使草种免受雨水冲失，并实现保温、保湿，应加盖无纺布，促进草种的发芽生长。也可采用稻草、秸秆编织覆盖。

植被建设工程——栽植乔灌木

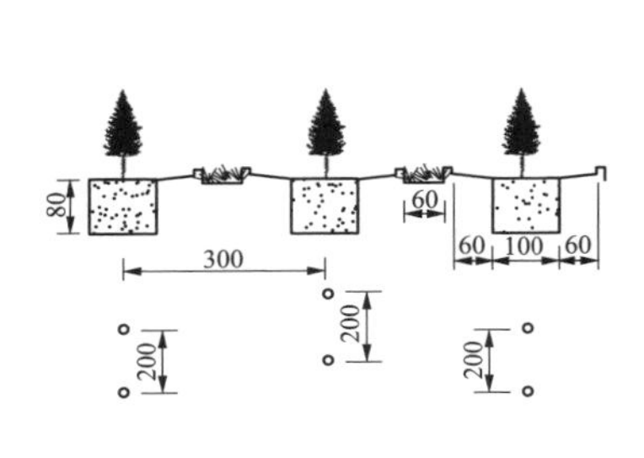

栽植乔灌木示意图

栽植乔灌木现场实施效果

施工要求：

（1）通常选择春季造林，适宜我国大部分地区。春季造林应根据树种的物候期和土壤解冻情况适时安排造林，一般在树木发芽前7～10天完成。

（2）南方造林，土壤墒情好时应尽早进行；北方造林，土壤解冻到栽植深度时抓紧造林。

（3）乔木选用适宜当地生长的树种，苗木规格可根据项目所处环境，选择幼苗即可，栽植株距、行距多为（2～4）m×（2～4）m，或根据乔木种类确定初植密度。

（4）灌木选用适宜当地环境的树种，苗木规格可选用幼苗，栽植株距、行距可根据项目区的立地条件，为（0.5～1）m×（0.5～1）m。

塔基、临时道路等区域未恢复植被

植被建设

塔基区绿化

45° 边坡挂网恢复植被

干旱草原区塔基绿化

塔基植物养护

站区综合楼前绿化

站区出线间隔区绿化

植被建设

变电站围墙外侧综合护坡

道路行道树

4.5 水土保持措施——质量评定

4.5.1 项目划分

水土保持工程一般划分为单位工程、分部工程、单元工程三级。生产建设项目水土保持工程作为工程项目，在单元工程、分部工程、单位工程质量评定的基础上，进行项目的质量评定。水土保持工程质量等级分为“合格”“优良”两级。

输变电工程水土保持项目划分工作应由建设管理单位组织，设计、监理、施工参与，共同确定。单位工程、分部工程应由建设管理单位会同设计、监理确定，施工单位做好单元工程划分。工程项目划分应在工程开工前完成。项目划分时可参考《水土保持施工质量评定规程》（SL 336—2006）附录表A-2的划分方法。

4.5.2 质量检验及评定

水土保持单元工程质量评定应由承建单位质检部门组织自评，工程监理单位核定。分部工程评定质量评定应在承建单位质检部门自评的基础上，由工程监理单位复核，项目法人核定。单位工程质量评定应在承建单位自评的基础上，由项目法人、工程监理及水土保持监理单位复核，报质量监督单位核定。

质量评定标准具体参考《水土保持施工质量评定规程》(SL 336—2006)的规定。

4.6 水土保持措施——资料管理

资料内容

质量评定：水土保持工程项目划分，单元、分部及单位工程质量评定资料。

自查初验：分部工程验收签证、单位工程验收签证书等。

施工资料：工程措施、植物措施、临时措施施工记录、报审报验资料、自检资料等。

监理资料：监理日记、巡检记录、工程抽检资料等。

影像资料：施工前、施工过程、施工结束后的照片、摄像资料。

4.7 水土保持——验收

建设项目水土保持设施验收工作流程

（1）工程竣工前，建设管理单位组织开展水土保持设施自查初验工作，提出整改意见。

（2）建设管理单位组织设计、施工监理、施工单位完成配合工作和整改工作。

（3）整改完成后，水土保持监理单位完成《水土保持监理总结报告》，水土保持监测单位完成《水土保持监测总结报告》，水土保持设施验收报告编制单位完成《水土保持设施验收报告》。

（4）建设管理单位向对应的环境保护归口管理部门申请开展水土保持设施验收。

（5）建设管理单位组织工程各参建单位配合并参加技术审评、现场检查和验收会。

（6）对于技术审评、现场检查和验收会中发现的问题，建设管理单位应在规定期限内整改完毕。

（7）验收通过后，建设管理单位应当通过其网站或其他便于公众知晓的方式，依法向社会公开水土保持设施验收鉴定书、水土保持设施验收报告和水土保持监测总结报告，并进行报备。对于公众反映的主要问题和意见，应及时给予处理或者回应。

（8）水行政部门在确认验收材料后出具项目水土保持设施自主验收报备证明文件。

（9）水土保持验收资料归档：建设管理单位向档案室提交《水土保持监理总结报告》《水土保持监测总结报告》《水土保持设施验收报告》《水土保持设施验收鉴定书》及水行政主管部门出具的报备证明文件。

档案篇

★ 5 档案归档

档案归档目录

包括但不限于：

- ☐ 环境影响评价文件（含变更）和水土保持方案（含变更）及其批复文件
- ☐ 专项服务招投标文件及合同
- ☐ 水土保持监测季度报告和总结报告
- ☐ 分部工程验收签证和单位工程验收鉴定书（水土保持）
- ☐ 环境监理报告（如有）和水土保持监理总结报告
- ☐ 环境保护验收调查报告和水土保持设施验收报告
- ☐ 竣工环境保护验收意见和水土保持设施验收鉴定书
- ☐ 环境保护和水土保持验收报备证明文件

检索篇

★ 6 相关资料检索

6.1 生态敏感区查询

生态环境敏感目标信息的查阅方法有网络查阅、图书馆查询、购买资料、以往输变电工程生态敏感区资料收集、实地走访调研、专家咨询等。

- 网络查询

通过浏览涉及生态环境敏感目标内容的相关网站有可能查询到相关信息，如生态环境部、自然资源部、住房和城乡建设部、水利部、国家林业局网站，省级生态环境和自然资源主管部门、住房和城乡建设部门网站等。

- 资料查询

通过图书馆、档案馆等查阅相关资料，有可能查阅到相关生态环境敏感目标的信息。

- 调查收集以往输变电工程生态敏感区相关资料

通过走访各级供电部门、设计单位、环评机构等，收集以往输变电工程环境影响评价及竣工环境保护验收调查过程中已获得的生态环境敏感目标的相关资料。

- 实地走访调研

通过走访生态环境敏感目标所在地方各级生态环境、林业、国土等相关管理部门，对无法通过公共途径获得的生态环境敏感目标资料开展收集工作，最大限度地将生态环境敏感目标的相关资料收集齐全，尤其是生态环境敏感目标的总体规划文本、图件和批复文件等关键性资料。

重点关注自然保护区、风景名胜区、世界文化和自然遗产、饮用水水源保护区等生态敏感目标。涉及生态敏感区的部分法律法规如下：

（1）《关于建立以国家公园为主体的自然保护地体系的指导意见》；

（2）《关于划定并严守生态保护红线的若干意见》（厅字〔2017〕2号）；

（3）《中华人民共和国自然保护区条例》；

（4）《风景名胜区条例》；

（5）《保护世界文化和自然遗产公约》；

（6）《世界文化遗产保护管理办法》；

（7）《关于加强我国世界文化遗产保护管理工作的意见》（国办发〔2004〕18号）；

（8）《中华人民共和国水法》；

（9）《中华人民共和国水污染防治法》；

（10）《饮用水水源保护区污染防治管理规定》（〔89〕环管字第201号）。

6.2 法律、法规查询

6.2.1 环境保护法律、法规

环境保护法律、法规可通过生态环境部网站政策法规链接查询，生态环境部网址：

http://www.mee.gov.cn/

链接地址：

http://www.mee.gov.cn/gzfw_13107/zcfg/fl/

6.2.2 水土保持法律、法规

水土保持法律、法规可通过水利部网站机关司局栏目–水土保持，在水土保持司网页政策法规链接查询，水利部网址：

http://www.mwr.gov.cn/

链接地址：

http://swcc.mwr.gov.cn/zcfg/

建设绿色电网　守护绿水青山